BEI GRIN MACHT SICH IHR WISSEN BEZAHLT

- Wir veröffentlichen Ihre Hausarbeit,
  Bachelor- und Masterarbeit

- Ihr eigenes eBook und Buch -
  weltweit in allen wichtigen Shops

- Verdienen Sie an jedem Verkauf

Jetzt bei www.GRIN.com hochladen
und kostenlos publizieren

Bibliografische Information der Deutschen Nationalbibliothek:

Die Deutsche Bibliothek verzeichnet diese Publikation in der Deutschen National-
bibliografie; detaillierte bibliografische Daten sind im Internet über http://dnb.d-
nb.de/ abrufbar.

Impressum:

Copyright © 2016 GRIN Verlag, Open Publishing GmbH
Druck und Bindung: Books on Demand GmbH, Norderstedt Germany
ISBN: 9783668346437

Dieses Buch bei GRIN:

http://www.grin.com/de/e-book/344760/messung-des-differentiellen-wirkungsquer-
schnitts-der-compton-streuung

Marvin Kemper, Tim Spürkel

Messung des differentiellen Wirkungsquerschnitts der Compton-Streuung

GRIN Verlag

Bergische Universität Wuppertal
Fakultät für
Mathematik und Naturwissenschaften
Fachgruppe Physik

Fortgeschrittenen Praktikum

Compton Versuch

Marvin Kemper und Tim Spürkel

Abstract (Kurzbeschreibung)

In diesem Versuch wird ein Streuexperiment mit γ-Strahlen durchgeführt. Hier wird der differentielle Wirkungsquerschnitt der Compton-Streuung mit den theoretischen Erwartungen nach Klein-Nishina und Thompson verglichen und schließlich die Elektronenmasse bestimmt.

Durchgeführt am: 14.03.16 Protokollfertigstellung: 29. März 2016

Inhaltsverzeichnis

1 Einführung   **5**

2 Theorie   **5**
  2.1 Wirkungsquerschnitt 5
  2.2 Wechselwirkung von Gammastrahlung mit Materie 6
  2.3 Compton Effekt 7
  2.4 Klein-Nishina Wirkungsquerschnitt 7
  2.5 NaJ Szintillator 8
  2.6 Photomultiplier 10

3 Aufbau   **11**

4 Durchführung und Auswertung   **12**
  4.1 Kalibration 12
  4.2 Absorptionsverhalten von Aluminium und Blei 14
  4.3 Der Compton Wirkungsquerschnitt 15
  4.4 Bestimmung der Elektronenmasse 21

5 Fazit   **23**

6 Anhang   **24**
  6.1 Kalibration 24
  6.2 Absorption 30

Abbildungsverzeichnis

1   Prinzipskizze zur Kinematik der Compton - Streuung   7

2   Bändermodell eines dotierten Szintillationskrista lls   9

3   Schematischer Aufbau eines Photomultipliers [5]   10

4   Versuchsaufbau   11

5   Kalibrationsgerade mit $E(x) = 0,373x - 7$ 13

6   Intensität des 662keV Peaks von ^{137}Cs aufgetragen gegen die Dicke der Aluminiumplatten ($I_0 = 322.150$; $k = 0,1936$)   15

7   Intensität des 662keV Peaks von ^{137}Cs aufgetragen gegen die Dicke der Aluminiumplatten ($I_0 = 5.396.160$; $k = 1,1258$)   16

8   Effizienz eines NaJ Szintillators in Abhängigkeit der Photonenenergie   18

9   Der gemessene Wirkungsquerschnitt zum Vergleich mit Thomson und Klein-Nishina gegen den Winkel aufgetragen   20

10   Wirkungsquerschnitt ohne Berücksichtigung der Absorption im Aluminiumtarget   20

11   Die Wellenlängendifferenz der gestreuten Photonen in Abhängigkeit des Winkels   21

12   Elektronenmasse aus den Messwerten im Vergleich zum Literaturwert   22

13   ^{241}Am Spektrum   24

14   ^{133}Ba Spektrum   25

15   ^{137}Cs Spektrum   25

16   Spektrum des Untergrundrauschen   26

17   Gaußfit des 60keV Peaks von Americium ($A = 34285,7$; $m = 182,9$; $\sigma = 5,1$; $\chi^2 = 1,74$)   26

18   Gaußfit des 14keV und 26keV Doppelpeaks von Americium ($A_{14} = 7656,4$; $m_{14} = 62,5$; $\sigma_{14} = 8,4$; $A_{26} = 4522,6$; $m_{26} = 95,7$; $\sigma_{26} = 4,2$; $\chi^2 = 1,74$)   27

19   Gaußfit des 31keV Peaks von Barium ($A = 18597,6$; $m = 96,3$; $\sigma = 4$; $\chi^2 = 3,02$)   27

20   Gaußfit des 81keV Peaks von Barium ($A = 6340,3$; $m = 243,8$; $\sigma = 6,6$; $\chi^2 = 1,28$)   28

21   Gaußfit des 356keV Peaks von Barium ($A = 8464,4$; $m = 984,3$; $\sigma = 25,5$; $\chi^2 = 1,16$)   28

22   Gaußfit des 32keV Peaks von Cäsium ($A = 3222,6$; $m = 99,5$; $\sigma = 3,7$; $\chi^2 = 1,16$)   29

23   Gaußfit des 662keV Peaks von Cäsium ($A = 16457,6$; $m = 1777,9$; $\sigma = 26$; $\chi^2 = 1,67$)   29

24   Gaußfit des 662keV Peaks von Cäsium nach 0cm Aluminium ($A = 323417$; $m = 1793,9$; $\sigma = 26,1$; $\chi^2 = 6,2$)   30

25   Gaußfit des 662keV Peaks von Cäsium nach 1cm Aluminium ($A = 265556$; $m = 1789,4$; $\sigma = 26,2$; $\chi^2 = 4,1$)   31

26   Gaußfit des 662keV Peaks von Cäsium nach 2cm Aluminium ($A = 218326$; $m = 1786,1$; $\sigma = 26,1$; $\chi^2 = 3,3$) 31

27   Gaußfit des 662keV Peaks von Cäsium nach 3cm Aluminium ($A = 180042$; $m = 1782,9$; $\sigma = 26,4$; $\chi^2 = 3,4$) 32

28   Gaußfit des 662keV Peaks von Cäsium nach 4cm Aluminium ($A = 148997$; $m = 1780,4$; $\sigma = 26,6$; $\chi^2 = 2,3$) 32

29   Gaußfit des 662keV Peaks von Cäsium nach 5cm Aluminium ($A = 122075$; $m = 1778,8$; $\sigma = 26,7$; $\chi^2 = 2,7$) 33

30   Gaußfit des 662keV Peaks von Cäsium nach 2,5cm Blei ($A = 323417$; $m = 1793,9$; $\sigma = 26,1$; $\chi^2 = 6,2$) 33

31   Gaußfit des 662keV Peaks von Cäsium nach 3,5cm Blei ($A = 105542$; $m = 1782,3$; $\sigma = 26,5$; $\chi^2 = 1,7$) 34

32   Gaußfit des 662keV Peaks von Cäsium nach 5cm Blei ($A = 18746$; $m = 1778,3$; $\sigma = 26,2$; $\chi^2 = 1,0$) 34

33   Gaußfit des 662keV Peaks von Cäsium nach 6cm Blei ($A = 6745,2$; $m = 1779,9$; $\sigma = 28$; $\chi^2 = 1,0$) 35

34   Gaußfit des 662keV Peaks von Cäsium nach 7cm Blei ($A = 2361$; $m = 1783,6$; $\sigma = 30$; $\chi^2 = 1,1$) 35

Tabellenverzeichnis

1   Ergebnisse der Kalibrationsmessungen 13

2   Lage und Intensität des 662keV Peaks von ^{137}Cs nach Aluminiumplatten verschiedener Dicke 14

3   Lage und Intensität des 662keV Peaks von ^{137}Cs nach Bleiplatten verschiedener Dicke 14

4   Messdaten des Compton Streuversuches 16

5   Berechneter Compton Wirkungsquerschnitt der Messwerte und nach Thomson bzw. Klein-Nishina im Vergleich 19

1 Einführung

In diesem Versuch wird ein Streuexperiment mit γ-Strahlen durchgeführt. Hier wird der differentielle Wirkungsquerschnitt der Compton-Streuung mit den theoretischen Erwartungen nach Klein-Nishina und Thompson verglichen und schließlich die Elektronenmasse bestimmt.

2 Theorie

Die für den Versuch relevante Theorie wird im folgendem Abschnitt erläutert.

2.1 Wirkungsquerschnitt

Der Wirkungsquerschnitt (im Folgenden WQ) ist ein Maß für die Wahrscheinlichkeit, dass zwischen einem einfallenden Teilchen und einem anderen Teilchen eine bestimmte Wechselwirkung wie z. B. ein Streuprozess oder eine Reaktion stattfindet.

Jedem Zielteilchen (Targetteilchen) wird eine Fläche σ als gedachte "Zielscheibe" zugeordnet. Deren Größe wird so gewählt, dass die interessierende Wechselwirkung stattfindet, wenn ein einfallendes, punktförmig – also ausdehnungslos – gedachtes Teilchen diese Scheibe trifft, und dass sie nicht stattfindet, wenn es die Zielscheibe verfehlt. Diese hypothetische Fläche ist der WQ für diese Wechselwirkung bei der gegebenen Energie der einfallenden Teilchen. Die Wahrscheinlichkeit w, dass ein einfallendes Teilchen mit einem Targetteilchen wechselwirkt, errechnet sich aus

$$w = \frac{\sigma N_T}{F}, \tag{1}$$

wobei N_T die Anzahl der Targetteilchen auf der bestrahlten Targetfläche F ist. Vorausgesetzt wird, dass $\frac{N}{F} << 1$ ist, damit sich die Targetteilchen nicht gegenseitig abschatten.

Die Wahrscheinlichkeit kann auch ausgedrückt werden als das Zahlenverhältnis von wechselwirkenden Teilchen N_W zu insgesamt einlaufenden Teilchen N:

$$w = \frac{N_W}{N}. \tag{2}$$

Das Verhältnis des WQ zur Targetfläche ist also die Zahl der Wechselwirkungen pro eingestrahltem Teilchen und pro Targetteilchen:

$$\frac{\sigma}{F} = \frac{N_W}{N_T N}. \tag{3}$$

Die Ableitung des WQ nach dem Raumwinkel Ω ist proportional der Wahrscheinlichkeit dafür, dass bei der Wechselwirkung das gestreute Teilchen (oder Reakti-
onsprodukt usw.) in einen infinitesimalen Raumwinkelbereich (Kegel) $d\Omega$ hinein
fliegt, der in einer bestimmten Richtung gelegen ist:

$$\frac{\mathrm{d}\sigma}{\mathrm{d}\Omega} \tag{4}$$

Dieser differenzielle WQ hat die Größenart Fläche pro Raumwinkeleinheit und als
Maßeinheit z.B. Millibarn/Steradiant. Er hängt (außer, wie jeder WQ, von der
Primärenergie, der Energie des einfallenden Teilchens) auch von der Richtung ab,
d.h. vom Winkel, um den das Teilchen z.B. gestreut wird. Als Funktion dieses
Winkels betrachtet heißt er auch Winkelverteilung. Die Summe (das Integral)
dieses differenziellen WQ über alle Richtungen ist der (im Sinne von integrale)
totale WQ. [1]

2.2 Wechselwirkung von Gammastrahlung mit Materie

Bei der Wechselwirkung von γ-Strahlumg mit Materie sind hauptsächlich 3 ver-
schiedene Effekte relevant. Welcher Effekt dominiert hängt im allgemeinen von
der Energie der Strahlung ab, jedoch hat die Kernzahl ebenfalls einen Einfluss.
Diese drei Effekte werden nun erläutert:

Photoeffekt:
Beim Photoeffekt, welcher typischerweise bis zu einer Energie von einigen weni-
gen keV dominierend ist, lösen die einfallenden Photonen durch Bereitstellung
der Austrittsarbeit Elektronen aus der Oberfläche des Materials aus. Zusätzliche
Photonenenergie wird in die Bewegungsenergie der ausgelösten Elektronen um-
gewandelt.

Compton-Effekt:
Der Compton-Effekt ist im Bereich von einige 100 keV bis wenige MeV dominierend, d.h. für den Energiebereich in unserem Versuch relevant. Beim Compton-
Effekt wird das Photon inelastisch am Elektron gestreut. D.h. ein Teil der Energie
des Photons wird an das Elektron übertragen und das Photon wird mit einer grö-
ßeren Wellenlänge von seiner ursprünglichen Bahn abgelenkt. Genauer erläutert
wird dies in Unterabschnitt 2.3.

Paarbildung:
Ab einer Energie die die doppelte Ruheenergie des Elektrons also $2m_ec^2 = 1,022$
MeV überschreitet ist die Paarbildung möglich. Dominierend wird dieser Effekt
ab etwa 3 MeV. Hierbei wandelt sich in der nähe des Kerns ein Photon in ein
Elektron-Positron-Paar um.

2.3 Compton Effekt

Bei der kinematischen Betrachtung des Comptoneffekts wird von quasifreien Elektronen ausgegangen. Für schwach gebundene Hüllenelektronen kann diese Annahme gemacht werden . Bei der Streuung eines Photons mit der Anfangsenergie E'
an einem Elektron ändert sich sowohl seine Energie als auch seine Bewegungsrichtung um den polaren Streuwinkel ϑ(Abbildung 1).

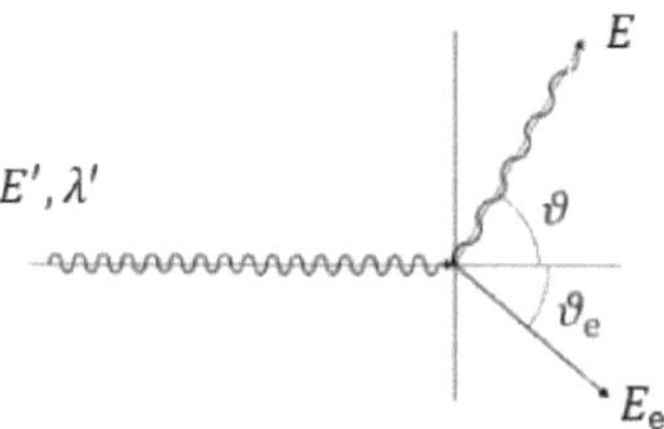

Abbildung 1: Prinzipskizze zur Kinematik der Compton - Streuung

Aus Energie - und Impulserhaltungssatz folgt mit dem Photonenimpuls $p = E/c$ für die Energie E des Photons nach dem Stoß

$$E(\mu) = \frac{E'}{1 + \kappa(1 - \mu)} \tag{5}$$

mit

$$\kappa = \frac{E'}{m_0 c^2} \tag{6}$$

wobei $\mu = \cos\vartheta$ als Richtungskosinus des polaren Streuwinkels ϑ bezeichnet wird und $m_0 = 511$ keV die Ruheenergie eines Elektrons ist . Für Rückwärtsstreuung $\mu = -1$ beträgt die Energie der Photonen

$$E = \frac{E'}{1 + 2\kappa} \tag{7}$$

während für Vorwärtsstreuung $\mu \to 1, E \to E'$ gilt . [2]

2.4 Klein-Nishina Wirkungsquerschnitt

Bei der Photon-Elektron-Streuung legen Energie- und Impulserhaltung fest, wie die Energie E' des gestreuten Photons vom Streuwinkel θ und der ursprünglichen Photonenenergie E abhängen:

$$E' = E \cdot P(E, \theta) \tag{8}$$

wobei

$$P(E, \theta) = \frac{1}{1 + \frac{E}{m\,c^2}(1 - \cos\theta)} \tag{9}$$

ist und m die Masse des Elektrons.

Aus den Erhaltungssätzen folgt aber nicht, wie häufig dieser oder jener Streuwinkel auftritt. Diese Häufigkeit wird durch den differenziellen Wirkungsquerschnitt $d\sigma/d\Omega$ angegeben, mit dem Raumwinkelelement $d\Omega = \sin\theta\,d\theta\,d\phi$.

Für einfallende Photonen der Energie E ist der Klein-Nishina-Wirkungsquerschnitt

$$\frac{d\sigma}{d\Omega}\bigg|_{\text{Klein-Nishina}} = \frac{1}{2}\,r_{\mathrm{e}}^2\,P(E, \theta)\left(1 - P(E, \theta)\sin^2\theta + P(E, \theta)^2\right). \tag{10}$$

Hierbei ist

$$r_{\mathrm{e}} = \frac{e^2}{4\pi\,\varepsilon_0\,m\,c^2} \approx 2{,}818 \cdot 10^{-15}\,\mathrm{m} \tag{11}$$

der klassische Elektronenradius.

Für Photonenergien, die klein gegen die Ruheenergie des Elektrons sind, gilt

$$P(E, \theta) \to 1; \tag{12}$$

dann geht der Klein-Nishina-Wirkungsquerschnitt gegen den Wirkungsquerschnitt

$$\Rightarrow \frac{d\sigma}{d\Omega}\bigg|_{\text{Thomson}} = \frac{1}{2}\,r_{\mathrm{e}}^2\left(1 + \cos^2\theta\right), \tag{13}$$

den Joseph Thomson für die Streuung einer elektromagnetischen Welle an einer Punktladung berechnet hatte. Für kleine Energien ist Vorwärtsstreuung des Photons also genauso wahrscheinlich wie Rückwärtsstreuung, erst bei höheren Energien wird Vorwärtsstreuung wahrscheinlicher. [3]

2.5 NaJ Szintillator

Der verwendete anorganische Szintillator ist ein mit Aktivatorzentren dotierter Alkaliiodidkristall. Bei dem im Versuch verwendeten Kristall handelt es sich um Natriumiodid (NaI), dem als Aktivatorzentren Thallium (Tl) zugesetzt wurde. Mit Hilfe des Bändermodells lässt sich das Verhalten der Ionenkristalle beschreiben. Man ordnet dem Kristall als ganzem ein Energie-Niveau-Schema zu, wobei dicht- liegende Niveaus als Bänder bestimmter Breite betrachtet werden und unter Berücksichtigung des Pauli-Prinzips mit einer bestimmten Anzahl an Elektronen besetzt werden können. Das höchste vollständig besetzte Band wird als Valenzband bezeichnet und das darüber liegende als Leitungsband. Es ist bei niedrigen Temperaturen und ohne äußere Anregung der Elektronen normalerweise unbesetzt. Bei tiefen Temperaturen sind die äußeren Elektronen eines jeden

Atoms in die Bindungen zu den jeweiligen Nachbaratomen eingebaut. Bei höheren Temperaturen oder nach Absorption energiereicher Strahlung wird ein kleiner Teil der Elektronen ins Leitungsband angeregt, in dem sie frei beweglich sind - der Kristall wird elektrisch leitend. Bei Alkalijodidkristallen beträgt der Abstand zwischen dem Valenzband und dem im Grundzustand leeren Leitungsband etwa 6-8 eV, Abbildung 2 zeigt schematisch das Bändermodell eines dotierten Szintillationskristalls.

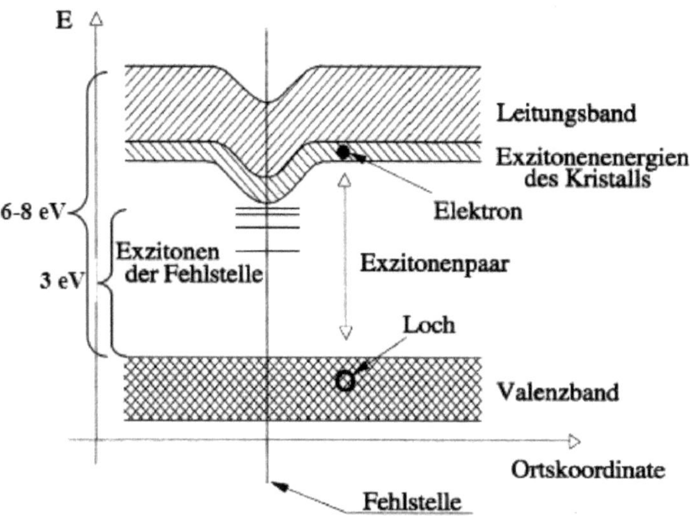

Abbildung 2: Bändermodell eines dotierten Szintillationskrista lls

Durch Wechselwirkung der γ -Quanten im Szintillator werden Elektronen angeregt. So werden sie auf höhere Energieniveaus, d.h. vom Valenzband ins Leitungsband, gehoben. Im Valenzband bleibt ein Loch zurück, das sich ebenfalls durch den Kristall bewegt. Ein Elektron, das einen Teil der Energie des γ -Quants absorbiert hat, aber das Leitungsband nicht erreicht, bleibt elektrostatisch an das Loch gebunden. Solche lose gekoppelten Elektron -Loch-Paare werden Exzitonen genannt und können sich im Kristall ebenfalls frei bewegen. Die angeregten Zustände kehren unter Emission von γ -Quanten wieder in den Grundzustand zurück. Die eintreffenden Photonen haben Energien im Bereich von 100 keV bis MeV, so dass ihre Energie ausreicht, um 100 bis 1000 Elektronen anzuregen, d.h. entsprechend viele Photonen zu erzeugen. Um diese „neuen" γ -Quanten nutzen zu können, müssen sie Energien haben, bei denen sie kaum re-absorbiert werden. Dazu wird der Kristall mit Aktivatorzentren dotiert. Ohne Aktivatorband würde das Elektron direkt wieder ins Valenzband fallen und es käme zu einer Emission eines Photons der Energie, die ausreicht, erneut ein Elektron ins Leitungsband zu heben. Der Szintillator wäre ohne Dotierung also für das ausgesandte Licht undurchlässig, da die emittierten Photonen wiederum absorbiert werden könnten. Die Dotierung des NaI-Kristalls mit Tl verformt lokal das Leitungsband und schafft somit neue Energieniveaus in der Bandstruktur des Kristalls, so genannte Aktivatorbänder. Sie besitzen genau die gewünschten Energieniveaus zwischen Valenzband und Leitungsband und bestimmen die Szintillation entscheidend durch den Einfang von Exzitonen, von freien Elektron-Loch-Paaren und von freien Ladungsträger n. Elektronen, Löcher und Exzitonen diffundieren durch den Kristall, bis sie auf ein Aktivatorzentrum stoßen. Insbesondere an diesen Thallium-Störstellen rekombinieren sie und über die Aktivator-Niveaus erfolgt Abregung unter Emission von Photonen, die Energien im sichtbaren und im nahen UV-Bereich haben. Diese Energie liegt bei Thallium bei etwa 3 eV, entsprechend einer Wellenlänge von 413 nm . Die Energie von „Aktivator-Photonen" ist somit niedriger als die nötige Anregungsenergie, um ein Valenzband-Elektron ins Leitungsband zu heben. Das emittierte Licht dieser Wellenlänge kann also zur Photokathode gelangen und dort durch Photoeffekt Elektronen herausschlagen, die im Photomultiplier weiterverarbeitet werden. [4]

2.6 Photomultiplier

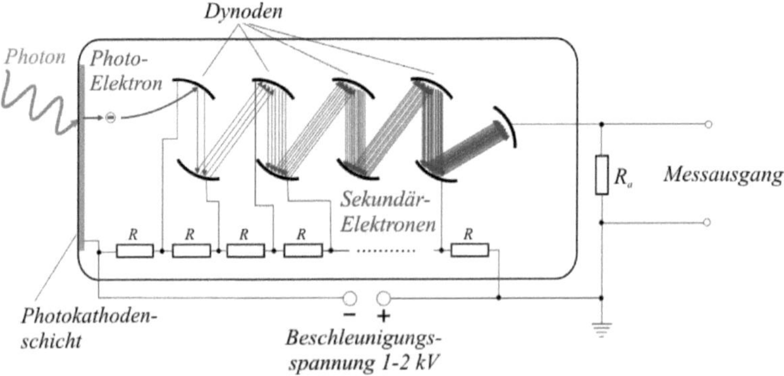

Abbildung 3: Schematischer Aufbau eines Photomultipliers [5]

Der Photomultiplier ist ein elementarer Bestandteil des Versuchsaufbaus, da in den Szintillatoren nur einzelne, bzw. äußerst geringe Anzahlen von Photonen erzeugt werden, diese jedoch zuverlässig nachgewiesen werden können müssen. Ein Photomultiplier besteht üblicherweise aus einer Photokathode, die aus einfallenden Photonen durch den Photoeffekt Elektronen freisetzt. Das Material der Photokathode sollte hier so gewählt werden, dass sie für die Energie der im Versuch entstehenden Photonen sensibel ist. Die freien Elektronen befinden sich nun in einer evakuierten Glasröhre und werden durch ein dort angelegtes positives Potential auf die erste Dynode beschleunigt. An der Dynode angekommen ist die kinetische Energie des Elektrons so groß, dass es aus der Oberfläche der Dynode zwischen 3 und 10 Sekundärelektronen herausschlägt. Da die benachbarten Dynoden auf zunehmend positiven Potentialen liegen werden die Elektronen von Dynode zu Dynode beschleunigt, wobei ihre Anzahl exponentiell zunimmt. Nach der letzten Vervielfältigungsdynode treffen die Elektronen auf eine Anode und fließen über einen Ausgangswiderstand zur Erde ab, dabei tritt ein messbarer Spannungsabfall auf, welcher als relatives Maß für die Anzahl der ursprünglichen Photonen dient.

3 Aufbau

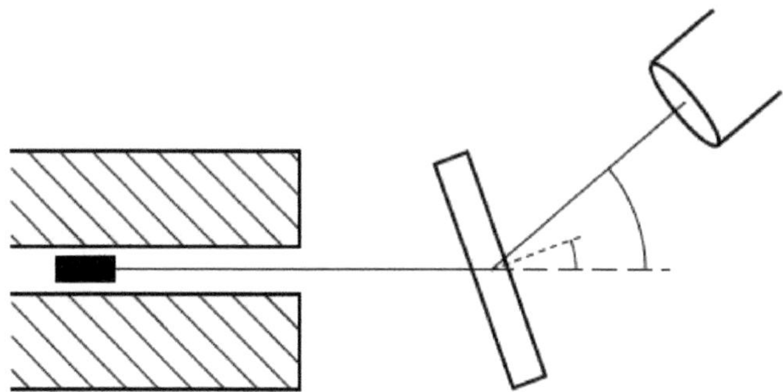

Abbildung 4: Versuchsaufbau zur Messung des differenziellen Wirkungsquerschnitts. Die Aluminiumplatte sollte stets auf einen Winkel eingestellt werden, der halb so groß wie der Winkel zwischen Detektor und Primärstrahl ist. [6]

Der Aufbau zur Messung des Wirkungsquerschnittes ist in Abbildung 4 zu sehen. Der Szintillationszähler ist auf einem schwenkbaren Arm montiert, sodass mit Hilfe einer Winkelskala der Winkel zwischen Kollimator und Detektor eingestellt werden kann. Zusätzlich befindet sich in der Mitte eine Halterung für das Aluminiumtarget, welches ebenfalls durch eine Winkelskala eingestellt werden kann. Das Präparat befindet sich in einer Bleiburg, welche als Abschirmung dient. Nur durch den Kollimatorspalt können die γ-Strahlen ausbrechen. Der Photomultiplier wird über ein Hochspannungsgerät versorgt. Diesem ist ein Verstärker nachgeschaltet, sodass man durch die verschiedenen Faktoren das Spektrum so verschieben kann, dass der Photo-Peak am rechten Rand des Spektrums vollständig erkennbar ist. Die Signale werden mit einem ADC digitalisiert und schließlich via MCA ausgelesen. Die Daten werden am PC durch das Programm WinTMCA verarbeitet. Die Messungen der einzelnen Spektren kann durch dieses Programm auf 300 Sekunden Detektor-Live-Time eingestellt werden.

4 Durchführung und Auswertung

Im Folgendem werden die Durchführungen und Auswertung der einzelnen Versuchsteile erläutert. Wichtig ist hierbei zunächst, dass sich der NaJ-Szintillatior zu keinem Zeitpunkt ungeschützt in dem γ-Strahl befinden darf, da der Kristall sonst für mehrere Tage angeregt wird und der Versuch in dieser Zeit nicht durchführbar ist. Es muss sich also, wenn der Detektor in Nulllage steht, immer mindestens eine 2,5 cm Bleiplatte dazwischen befinden.

4.1 Kalibration

Für eine erfolgreiche Versuchsdurchführung muss zuerst eine Kalibration durchgeführt werden, die ermöglicht, den WinTCMA Kanal in eine Energie umzurechnen. Dafür wurden drei Eichpräparate mit bekannten Emissionsspektren aufgenommen und die Energien der Peaks gegen ihre Kanalnummer aufgetragen. Als Eichpräparate dienten ^{241}Am, ^{133}Ba, und ^{137}Cs, die anderen zur Verfügung stehenden Präparate hatten keine ausreichend hohe Aktivität mehr, um eine eindeutige Zuordnung der Peaks im Spektrum zu Energien zu erlauben. Desweiteren wurde ein Untergrundspektrum ohne ein Präparat aufgenommen, um es als Korrekturfaktor von den anderen Spektren abzuziehen. Die Peaks der Spektren wurden mit einer Gaußfunktion gefittet, weswegen die Standardabweichung als Fehler auf den Kanal dient. Alle Spektren und Fits mit Fitparametern sind im Anhang zu finden. Die gesammelten Ergebnisse der Messungen sind in Tabelle 1 dargestellt.

Diese Datenpunkte wurden nun mit einer Geraden gefittet, wodurch sich eine Kalibrationsgerade ergibt, deren Geradengleichung erlaubt, die Kanalnummer in eine Energie umzurechnen. Dies ist in Abbildung 5 dargestellt.

Tabelle 1: Ergebnisse der Kalibrationsmessungen

Energie [keV]	Kanal	σ
662	1777,9	26,0
356	984,3	25,5
81	243,8	6,6
60	182,9	5,1
32	99,5	3,7
31	96,3	4,0
26	95,7	4,2
14	62,5	8,4

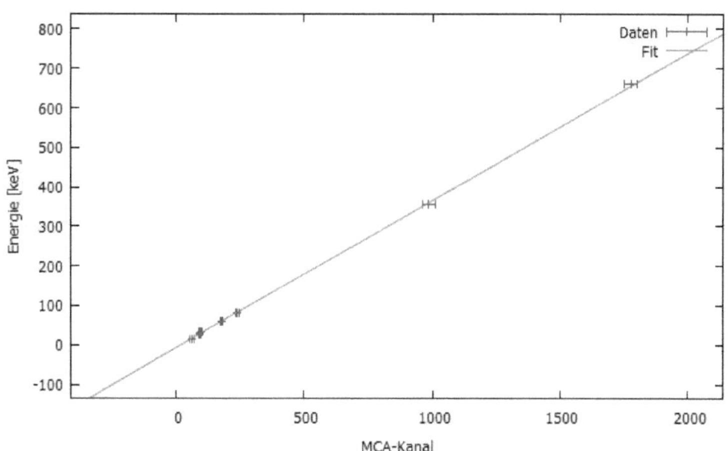

Abbildung 5: Kalibrationsgerade mit $E(x) = 0,373x - 7$

4.2 Absorptionsverhalten von Aluminium und Blei

Im zweiten Versuchsteil sollen die Absorptionskoeffizienten von Aluminium und
Blei für Gammastrahlen mit 662keV bestimmt werden. Dazu werden verschieden
dicke Blei und Aluminiumplatten zwischen Präparat und Detektor gebracht. Dies
ist für weitere Messungen relevant, da das Streuziel bei der Compton Streuung
aus Aluminium besteht und die Absorption im Aluminium berücksichtigt werden
muss. Der Absorptionskoeffizient von Blei ist von Interesse, da die Intensität der
Gammastrahlenquelle in 0° Position nur mit einer 2,5cm dicken Bleiplatte im
Strahlengang gemessen werden darf. Da jedoch die Intensität vor der Bleiplatte
benötigt wird um den Wirkungsquerschnitt der Streuung zu bestimmen, muss
zuerst der Absorptionskoeffizient von Blei bestimmt werden, damit man auf die
ursprüngliche Intensität zurückrechnen kann. In den folgenden Messdaten ist zu
berücksichtigen, dass die Werte für 2,5cm Blei den Werten für 0cm Aluminium
entsprechen. Die Spektren wurden wieder mit Gaußkurven gefittet und die Fläche
unter der Kurve als Maß für die Intensität angegeben. Das die Gammastrahlen bei
zunehmend dicken Hindernissen auch an Energie verlieren wurde vernachlässigt.

Tabelle 2: Lage und Intensität des 662keV Peaks von ^{137}Cs nach Aluminiumplatten verschiedener Dicke

Dicke [cm]	Kanal	σ	Intensität
0	1793,9	26,1	323.417
1	1789,4	26,2	265.556
2	1786,1	26,1	218.326
3	1782,9	26,4	180.042
4	1780,4	26,6	148.997
5	1778,8	26,7	122.075

Tabelle 3: Lage und Intensität des 662keV Peaks von ^{137}Cs nach Bleiplatten verschiedener Dicke

Dicke [cm]	Kanal	σ	Intensität
2,5	1793,9	26,1	323.417
3,5	1782,3	26,5	105.542
5	1778,3	26,2	18.746
6	1779,2	28	6745,2
7	1783,6	30	2361,3

Anschließend wurde die Intensität des Peaks gegen die Materialdicke aufgetragen
und mit einer abfallenden Exponentialfunktion gefittet. Als Fitfunktion wurde

$I(x) = I_0 \cdot e^{-kx}$ verwendet, dabei ist k der Absorptionskoeffizient und I_0 die ursprüngliche Intensität ohne Abschirmung.

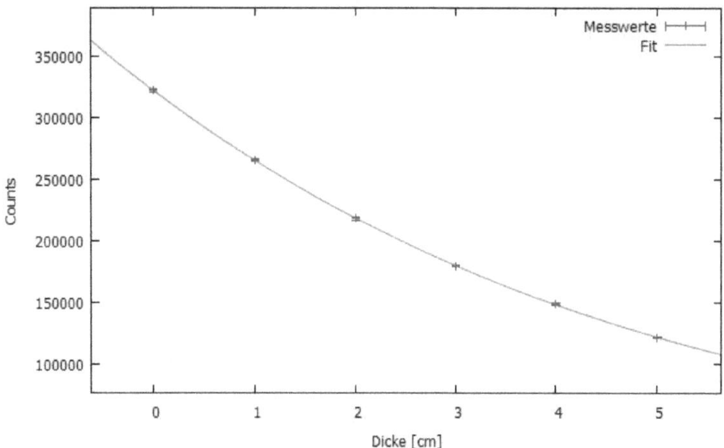

Abbildung 6: Intensität des 662keV Peaks von ^{137}Cs aufgetragen gegen die Dicke der Aluminiumplatten ($I_0 = 322.150$; $k = 0,1936$)

4.3 Der Compton Wirkungsquerschnitt

Um den Wirkungsquerschnitt der Compton Streuung zu bestimmen wurde zwischen 20° und 80° Streuwinkel alle 10° ein Spektrum aufgenommen. Zu jedem Winkel wurde auch ein Spektrum ohne Target aufgenommen, um es von dem eigentlichen Spektrum abzuziehen. Die Aluminiumplatte wurde immer auf dem halbe Winkel zwischen Kollimator und Detektor eingestellt. Die Spektren wurden erneut mit Gaußfunktionen gefittet, um Intensität und Energie der Sekundärstrahlung zu erhalten. Die Messdaten sind in Tabelle 4 dargestellt.

Der differentielle Wirkungsquerschnitt berechnet sich durch:

$$\frac{d\sigma}{d\Omega} = \frac{I}{d\Omega \cdot \rho_e \cdot I_0} \tag{14}$$

In der Formel sind allerdings noch einige unbekannte Größen enthalten, die zuerst bestimmt werden müssen.

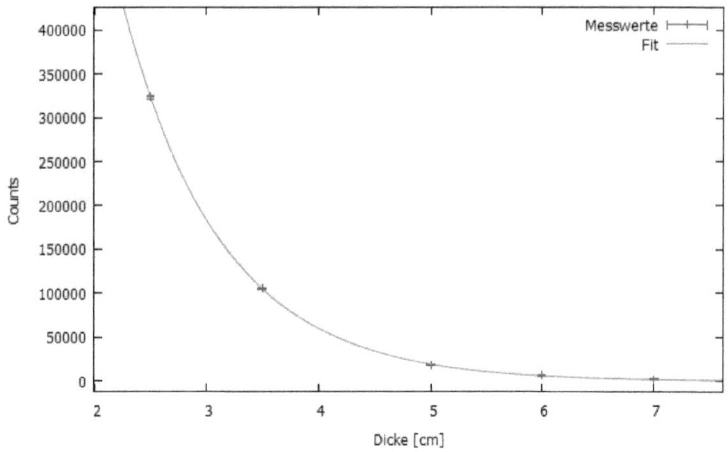

Abbildung 7: Intensität des 662keV Peaks von ^{137}Cs aufgetragen gegen die Dicke der Aluminiumplatten ($I_0 = 5.396.160$; $k = 1,1258$)

Tabelle 4: Messdaten des Compton Streuversuches

Winkel [°]	Kanal	σ	Intensität
20	1651,0	37,1	5477,9
30	1529,4	44,7	5291,5
40	1377,6	43,7	4344,1
50	1225,6	47,5	4444,2
60	1085,9	40,0	3632,6
70	960,4	37,2	3551,7
80	857,4	32,3	3343,0

ρ_e ist die Elektronendichte des Targetmaterials, also hier Aluminium, und wird als Korrekturfaktor benötigt, da der Wirkungsquerschnitt für ein einzelnes Elektron gesucht ist, die Photonen im Experiment aber jedes Elektron im Material für die Streuung zur Verfügung haben. Die Elektronendichte berechnet sich aus der Dichte des Materials, der molaren Masse, der Avogadro Zahl und der Ordnungszahl, nach folgender Formel.

$$\rho_e = \frac{\rho_m}{M} \cdot Z \cdot N_A = 7,8286 \cdot 10^{23} \frac{1}{cm^3} \tag{15}$$

$d\Omega$ bestimmt sich aus den Konstanten des Versuchsaufbaus und gibt an, welcher Raumwinkelbereich vom Detektor abgedeckt wird. Es berechnet sich mit

$$d\Omega = \frac{\pi d^2}{4L^2} = 0,014073 \qquad (d = 5, 1cm; L = 38, 1cm) \tag{16}$$

dabei ist d der Detektordurchmesser und L die Entfernung des Detektors vom Target.

I ist die Intensität des Sekundärstrahls, sie entspricht der gemessenen Intensität, die um die Effizienz des Detektors für die jeweilige Energie und die Absorption der Strahlung im Aluminium korrigiert wurde. Die Effizienz des Detektors wurde aus Abbildung 8 abgelesen, die dem Versuchsskript entnommen wurde. Rechnerisch ergibt sich dieser Zusammenhang durch

$$I = \frac{I_{gem}}{\text{eff.}} e^{-k_{Alu}d'} \tag{17}$$

dabei ist d' die Wegstrecke welche die Strahlung durch das Target mit Dicke d zurücklegt. Es wird davon ausgegangen, dass die Photonen durchschnittlich in der Mitte des Targets gestreut werden, d' berechnet sich dann durch

$$d' = \frac{d}{cos(\frac{\Theta}{2})} \tag{18}$$

mit Streuwinkel Θ.

Eine ähnliche Korrektur muss für I_0 durchgeführt werden, allerdings wird hier nur die Effizienz des Detektors berücksichtigt. Die Energie der Primärstrahlung ist mit 662keV bekannt und es wurde eine Effizienz von 0,45 angenommen. Korrigiert man die Intensität der Strahlung nach 0cm Blei um die Effizienz von 0,45 ergibt sich ein Wert von $I_0 = 11.991.466$.

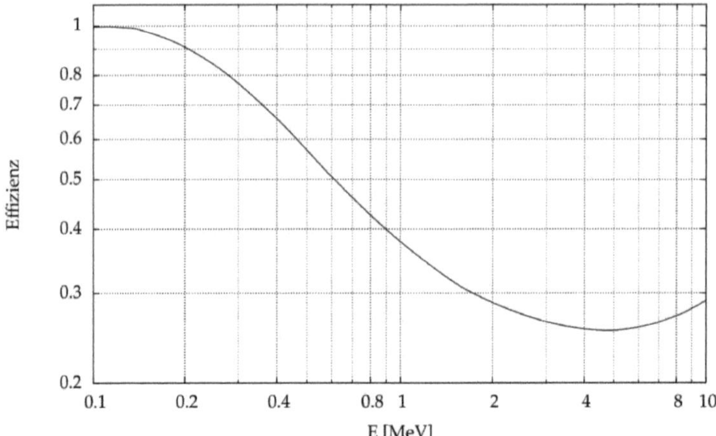

Abbildung 8: Effizienz eines NaJ Szintillators in Abhängigkeit der Photonenenergie

Nun können alle unbekannten berechnet und somit der differentielle Wirkungsquerschnitt der Streuungen bestimmt werden. Um einen Vergleich für die Messwerte zur Verfügung zu haben werden allerdings noch der Thomson Wirkungsquerschnitt mit

$$\frac{d\sigma}{d\Omega} = \frac{1}{2}r_e^2 \cdot (1 + cos^2\Theta) \tag{19}$$

und der Klein-Nishina Wirkungsquerschnitt mit

$$\frac{d\sigma}{d\Omega} = \frac{1}{2}r_e^2 \cdot P \cdot (1 - P \cdot sin^2\Theta + P^2) \tag{20}$$

berechnet.
Dabei ist r_e der klassische Elektronenradius und P eine von E und Θ abhängige Funktion, rechnerisch sind beide gegeben durch:

$$r_e = \frac{e^2}{4\pi\varepsilon_0 m_e c^2} \tag{21}$$

18

$$P(E, \Theta) = \frac{1}{1 + \frac{E}{m_e c^2}(1 - cos\Theta)} \tag{22}$$

Der experimentell bestimmte Wirkungsquerschnitt sowie die berechneten und einige Variablen sind in Tabelle 5 gegeben. Die angegebene Intensität ist bereits korrigiert und alle drei Wirkungsquerschnitte haben dieselbe Einheit.

Tabelle 5: Berechneter Compton Wirkungsquerschnitt der Messwerte und nach Thomson bzw. Klein-Nishina im Vergleich

Winkel [°]	Energie [keV]	Effizienz	d' [cm]	Intensität	$\frac{d\sigma}{d\Omega}$	$\frac{d\sigma}{d\Omega}_{Th}$	$\frac{d\sigma}{d\Omega}_{KN}$ $[10^{-26} cm^2]$
20	608,1	0,5	1,015	13.335,8	10,094	7,476	6,525
30	562,8	0,52	1,035	12.410,8	9,394	6,948	5,333
40	506,2	0,575	1,064	9283,5	7,027	6,300	4,266
50	449,6	0,6	1,103	9170,9	6,942	5,611	3,421
60	397,6	0,65	1,155	6988,6	5,289	4,963	2,797
70	350,8	0,7	1,221	6426,5	4,864	4,435	2,369
80	312,4	0,75	1,305	5738,9	4,344	4,090	2,102

In Abbildung 9 sind die drei Wirkungsquerschnitte zur besseren Übersicht graphisch gegen den Winkel aufgetragen.

Der gemessene Wirkungsquerschnitt liegt deutlich höher als vermutet, da man erwarten würde, dass er irgendwo zwischen den Werten von Thomson und Klein-Nishina liegt. Wahrscheinlich wurden die Messwerte durch einen systematischen Fehler ein wenig nach oben verschoben, der Verlauf der Datenpunkte ähnelt allerdings sehr den berechneten Werten nach Klein-Nishina. Die beiden größten Korrekturfaktoren die schwer abzuschätzen sind und den Wirkungsquerschnitt fälschlicherweise nach oben verschoben haben könnten, sind die Effizienz des Detektors und die Berücksichtigung der Strahlungsabsorption im Target. Die Effizienz ist auf der doppelt logarithmischen Skizze zwar schwer abzulesen, der endgültige Fehler auf den Wirkungsquerschnitt allerdings gering. Der Fehler liegt also möglicherweise bei der Absorption im Aluminium, das heißt es ist möglich, dass durch die Korrektur der Fehler sogar vergrößert wurde. Um dies zu testen wurde der Wirkungsquerschnitt erneut berechnet, diesmal unter Vernachlässigung der Absorption im Aluminium. Die so berechneten Ergebnisse wurden erneut in Abbildung 10 dargestellt.

Wie man sehen kann liegt der gemessene Wirkungsquerschnitt nun deutlich näher an den theoretischen Werten, es ist jedoch schwer zu sagen, ob wirklich ein Fehler korrigiert, oder ein weiterer Fehler in die "richtige" Richtung erzeugt wurde.

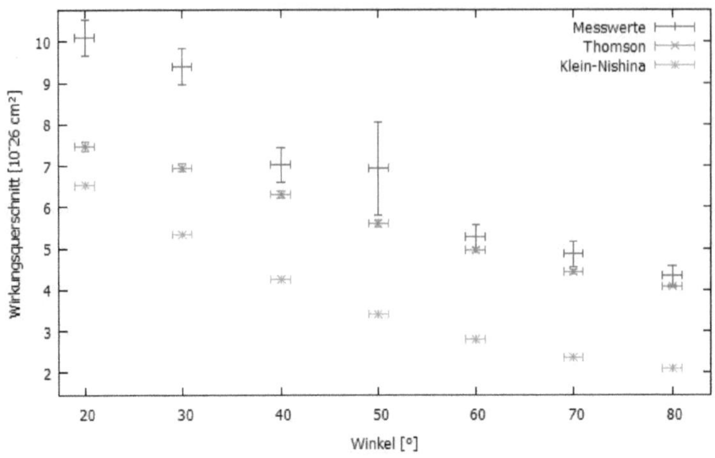

Abbildung 9: Der gemessene Wirkungsquerschnitt zum Vergleich mit Thomson und Klein-Nishina gegen den Winkel aufgetragen

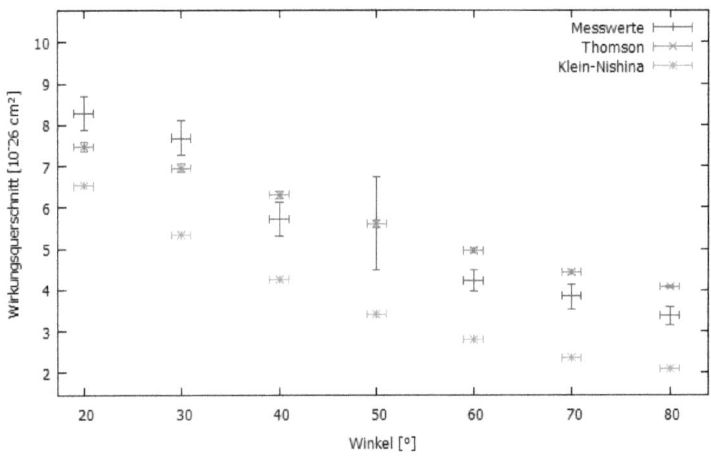

Abbildung 10: Wirkungsquerschnitt ohne Berücksichtigung der Absorption im Aluminiumtarget

4.4 Bestimmung der Elektronenmasse

Aus den bisher gemessenen Spektren und der bekannten Formel

$$\Delta\lambda = \frac{h}{m_e c}(1 - cos\Theta) \tag{23}$$

lässt sich zusätzlich noch die Elektronenmasse berechnen. Die Wellenlängendifferenz der Photonen lässt sich einfach aus ihrer Energiedifferenz berechnen. Es gilt

$$\Delta\lambda = hc \cdot \left(\frac{1}{E_1} - \frac{1}{E_2}\right) \tag{24}$$

In Abbildung 11 wurde die Wellenlängendifferenz der gestreuten Photonen in Abhängigkeit des Streuwinkels geplottet und mit $f(x) = q(1 - cos(\frac{\pi}{180}x))$ gefittet. Die Elektronenmasse sollte sich dann mit $m_e = \frac{h}{qc}$ berechnen lassen. Um diese Masse in eine Ruheenergie in eV umzurechnen muss zusätzlich noch mit $\frac{c^2}{e}$ multipliziert werden.

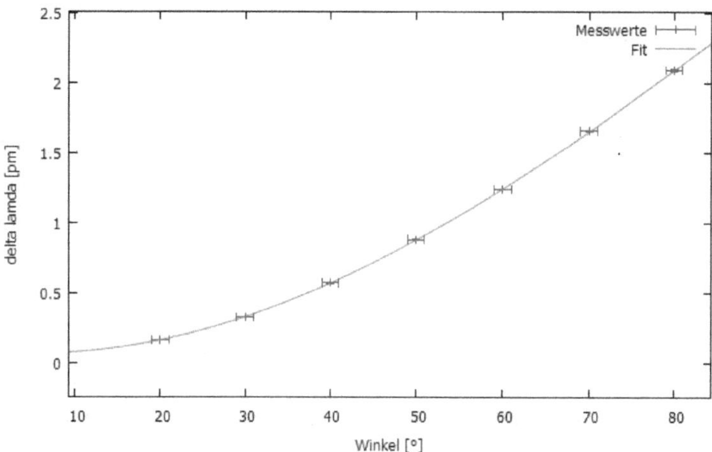

Abbildung 11: Die Wellenlängendifferenz der gestreuten Photonen in Abhängigkeit des Winkels

Als Fitparameter ergibt sich $q = 2,8795 \cdot 10^{-12}$ wodurch sich eine Elektronenmasse von 430,6keV ergibt. Wegen der hohen Abweichung zum Literaturwert von 511keV wurde zusätzlich die Mittelung über alle Einzelmessungen benutzt um die Elektronenmasse zu bestimmen. Denn es gilt

$$m_e = \frac{(1 - cos\Theta)}{(\frac{1}{E_1} - \frac{1}{E_2})} \tag{25}$$

hier muss nicht zusätzlich mit $\frac{c^2}{e}$ mutlipliziert werden, da die Energien bereits in eV angegeben werden. Diese Rechnung wurde für alle Messwerte durchgeführt und in Abbildung 12 aufgetragen.

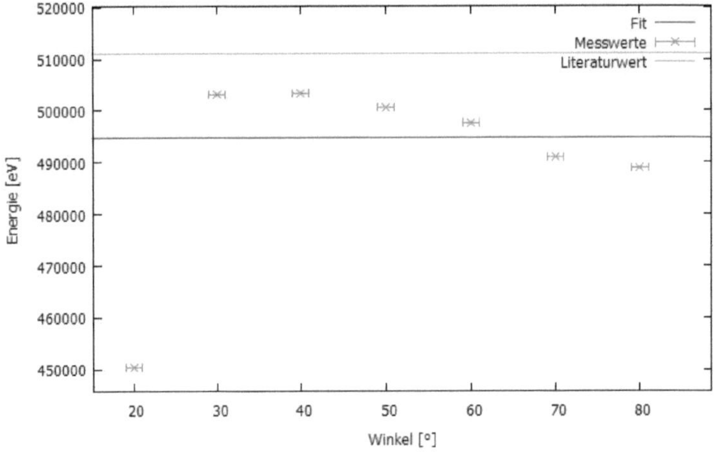

Abbildung 12: Elektronenmasse aus den Messwerten im Vergleich zum Literaturwert

Im Mittel über alle Messwerte ergibt sich somit eine Elektronenmasse von $492.966\pm 4206eV$. Der Literaturwert liegt nicht innerhalb der Fehlertoleranz, jedoch weicht das Ergebnis trotzdem nur um 3,5% von diesem ab.

5 Fazit

In diesem Versuch wurde erfolgreich der Wirkungsquerschnitt der Compton-Streuung ermittelt. Hierbei wurde ein Vergleich mit Klein-Nishina und Thompson vorgenommen. Eine Übereinstimmung von Messung und Theorie konnte beobachtet werden. Zusätzlich wurden die Absorptionskoeffizienten von Aluminium und Blei bestimmt und anhand gewonnener Daten aus den Wellenlängendifferenzen der gestreuten Photonen die Elektronenmasse mit einer Abweichung von 3,5% zum Literaturwert ermittelt.

6 Anhang

Hier sind alle Plots und Fits aufgelistet, die aus Platzgründen bisher nicht gezeigt werden konnten. Die Fitparameter sind in den Bildbeschreibungen angegeben und falls der Datenverlauf als Summe von Funktionen gefittet wurde, wurden die Teilfunktionen ebenfalls geplottet. Falls nicht anders angegeben ist nur die flächenmäßig größte Gauß-Teilfunktion zu betrachten. Als Fitfunktion für Gaußfunktionen wurde

$$f(x) = \frac{A}{\sigma\sqrt{2\pi}} e^{-\frac{1}{2}\left(\frac{x-m}{\sigma}\right)^2} \tag{26}$$

verwendet.

6.1 Kalibration

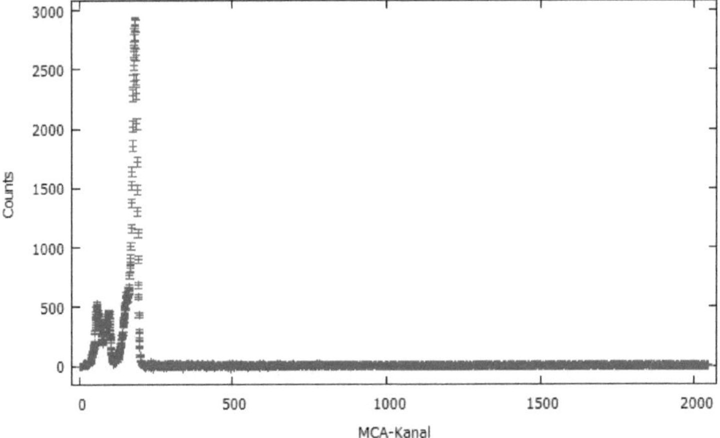

Abbildung 13: ^{241}Am Spektrum

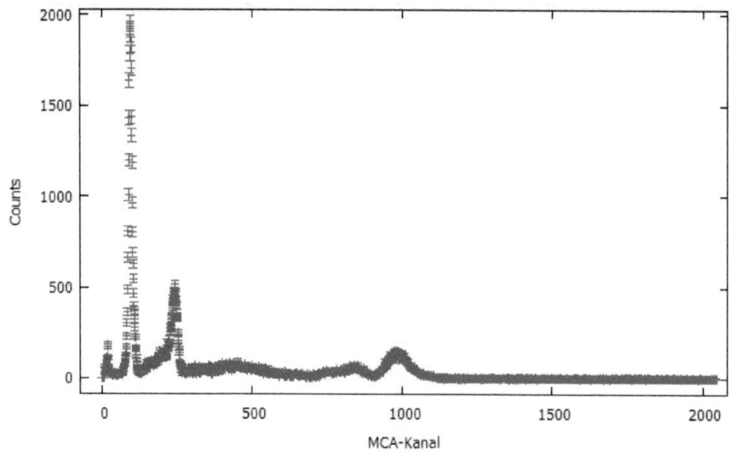

Abbildung 14: ^{133}Ba Spektrum

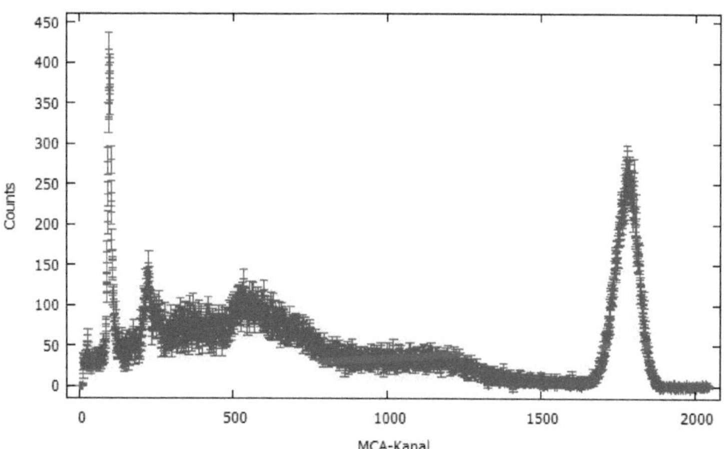

Abbildung 15: ^{137}Cs Spektrum

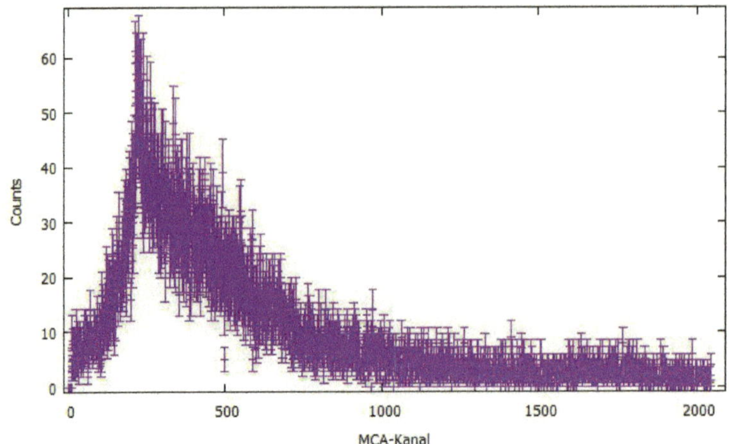

Abbildung 16: Spektrum des Untergrundrauschen

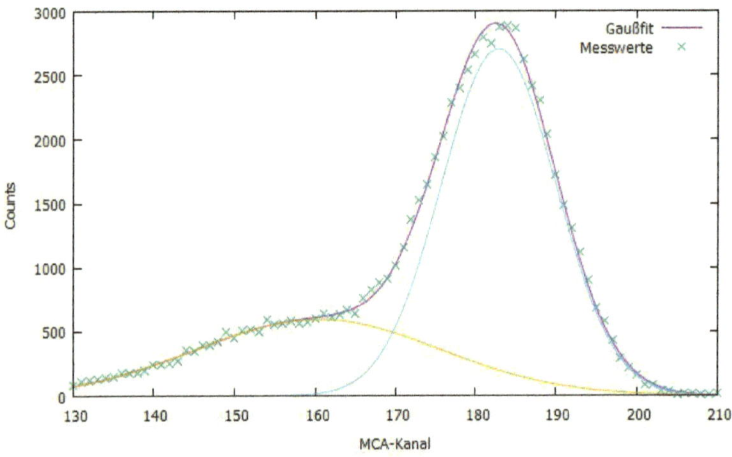

Abbildung 17: Gaußfit des 60keV Peaks von Americium ($A = 34285, 7$; $m = 182, 9$; $\sigma = 5, 1$; $\chi^2 = 1, 74$)

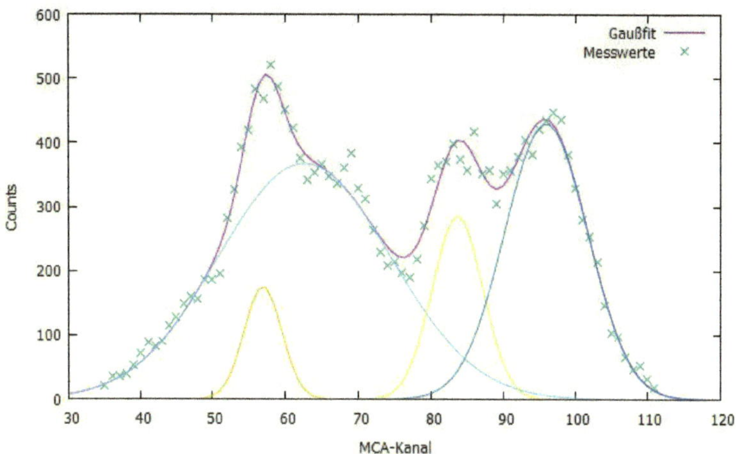

Abbildung 18: Gaußfit des 14keV und 26keV Doppelpeaks von Americium ($A_{14} = 7656, 4$; $m_{14} = 62, 5$; $\sigma_{14} = 8, 4$; $A_{26} = 4522, 6$; $m_{26} = 95, 7$; $\sigma_{26} = 4, 2$; $\chi^2 = 1, 74$)

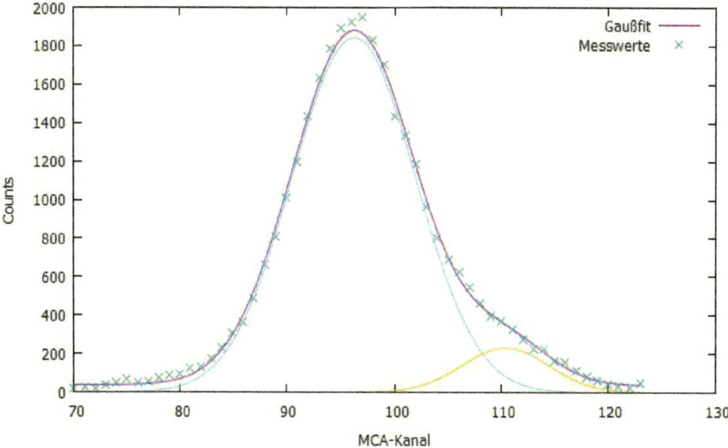

Abbildung 19: Gaußfit des 31keV Peaks von Barium ($A = 18597, 6$; $m = 96, 3$; $\sigma = 4$; $\chi^2 = 3, 02$)

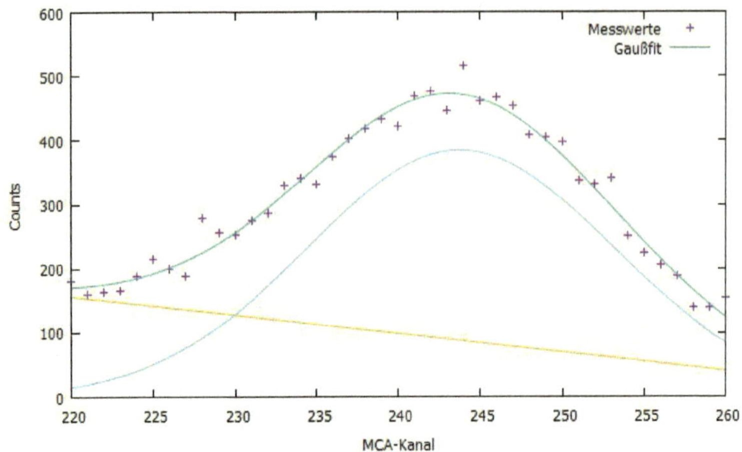

Abbildung 20: Gaußfit des 81keV Peaks von Barium ($A = 6340, 3$; $m = 243, 8$; $\sigma = 6, 6$; $\chi^2 = 1, 28$)

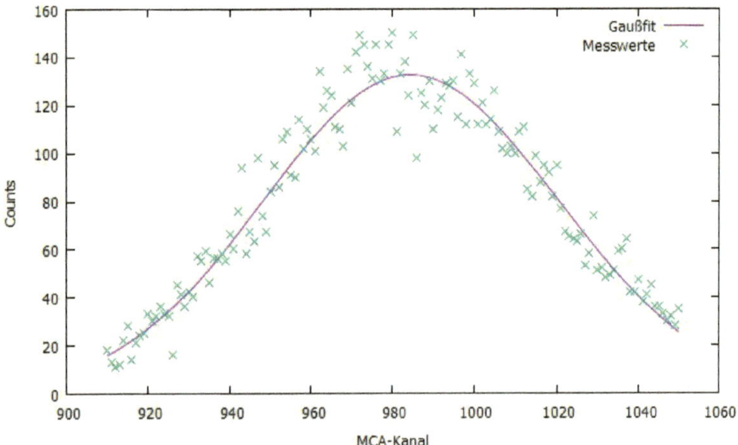

Abbildung 21: Gaußfit des 356keV Peaks von Barium ($A = 8464, 4$; $m = 984, 3$; $\sigma = 25, 5$; $\chi^2 = 1, 16$)

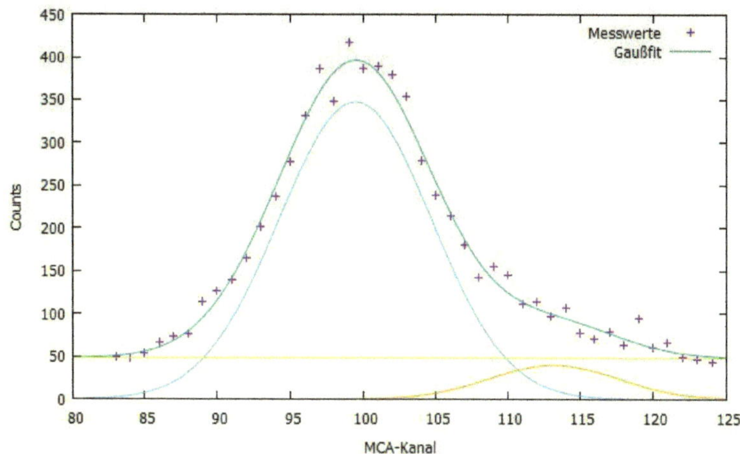

Abbildung 22: Gaußfit des 32keV Peaks von Cäsium ($A = 3222, 6$; $m = 99, 5$; $\sigma = 3, 7$; $\chi^2 = 1, 16$)

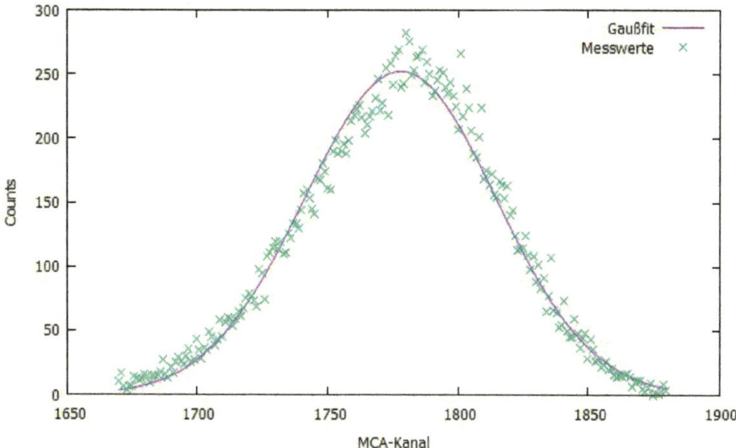

Abbildung 23: Gaußfit des 662keV Peaks von Cäsium ($A = 16457, 6$; $m = 1777, 9$; $\sigma = 26$; $\chi^2 = 1, 67$)

6.2 Absorption

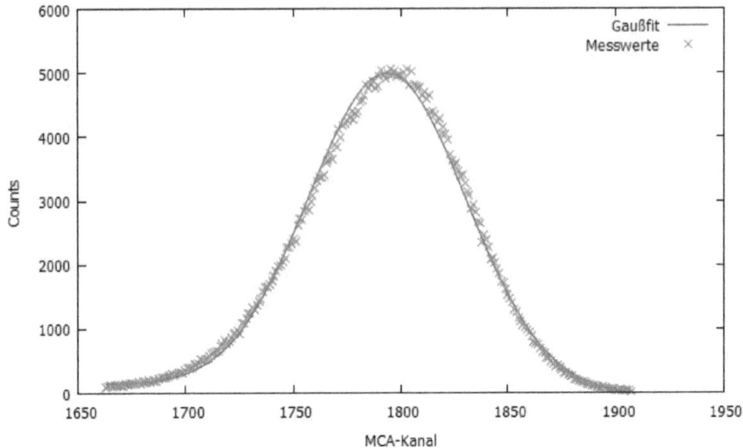

Abbildung 24: Gaußfit des 662keV Peaks von Cäsium nach 0cm Aluminium ($A = 323417$; $m = 1793,9$; $\sigma = 26,1$; $\chi^2 = 6,2$)

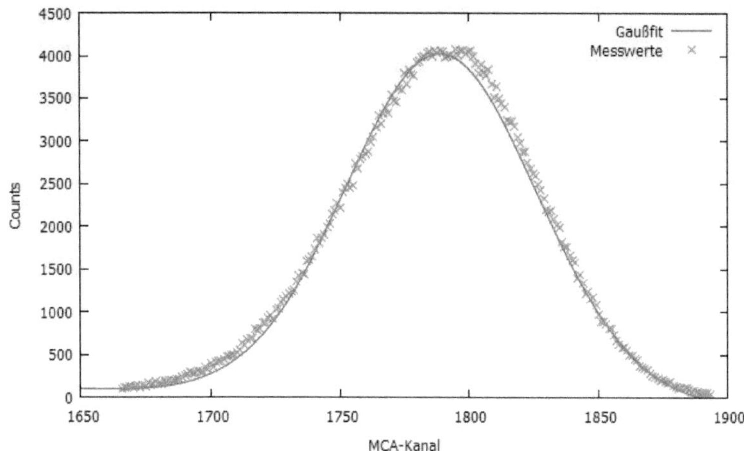

Abbildung 25: Gaußfit des 662keV Peaks von Cäsium nach 1cm Aluminium ($A = 265556$; $m = 1789, 4$; $\sigma = 26, 2$; $\chi^2 = 4, 1$)

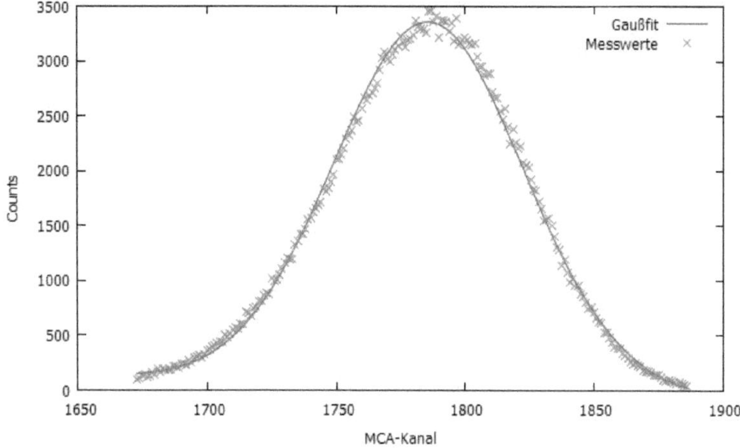

Abbildung 26: Gaußfit des 662keV Peaks von Cäsium nach 2cm Aluminium ($A = 218326$; $m = 1786, 1$; $\sigma = 26, 1$; $\chi^2 = 3, 3$)

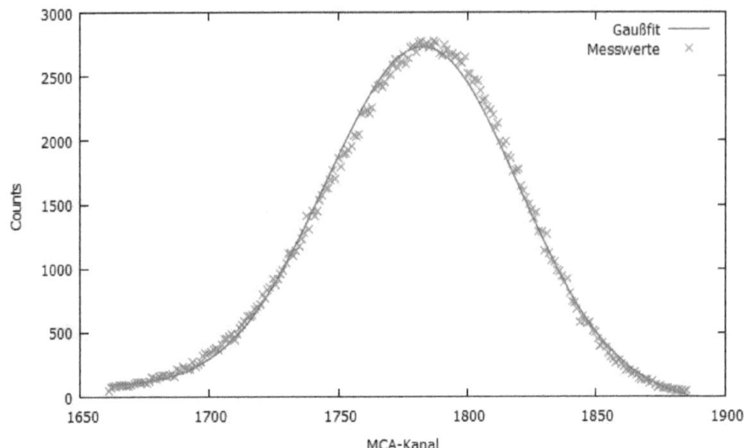

Abbildung 27: Gaußfit des 662keV Peaks von Cäsium nach 3cm Aluminium ($A = 180042$; $m = 1782, 9$; $\sigma = 26, 4$; $\chi^2 = 3, 4$)

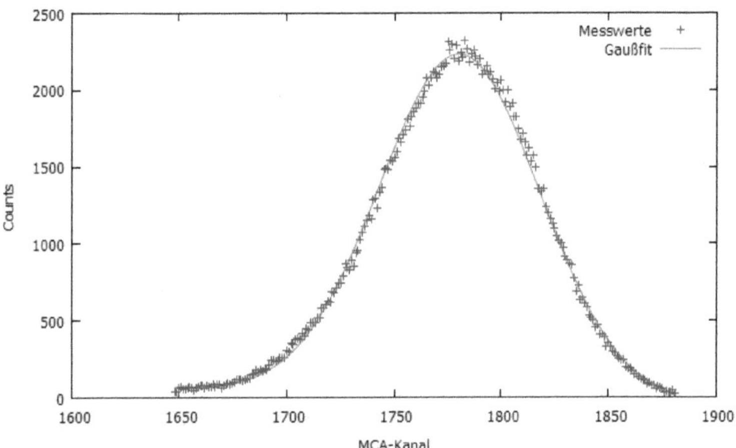

Abbildung 28: Gaußfit des 662keV Peaks von Cäsium nach 4cm Aluminium ($A = 148997$; $m = 1780, 4$; $\sigma = 26, 6$; $\chi^2 = 2, 3$)

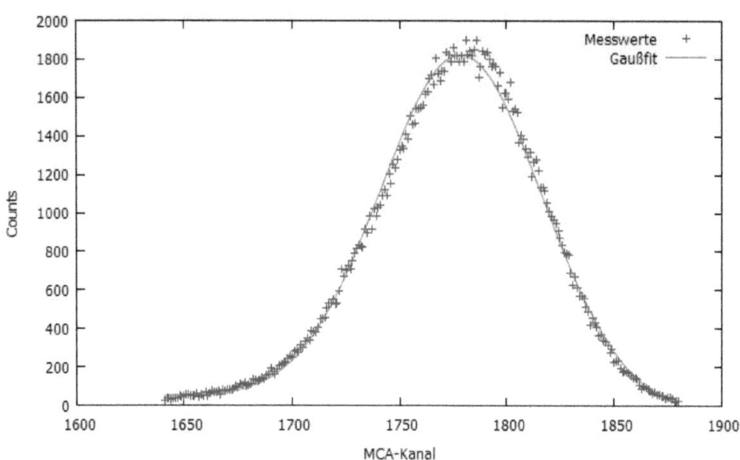

Abbildung 29: Gaußfit des 662keV Peaks von Cäsium nach 5cm Aluminium ($A = 122075$; $m = 1778,8$; $\sigma = 26,7$; $\chi^2 = 2,7$)

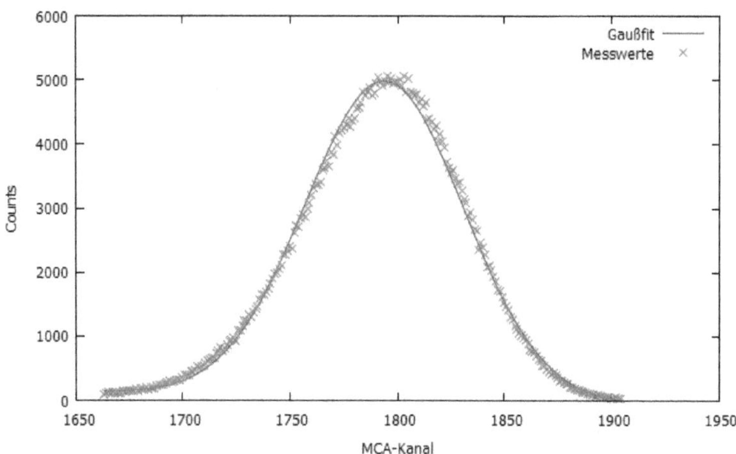

Abbildung 30: Gaußfit des 662keV Peaks von Cäsium nach 2,5cm Blei ($A = 323417$; $m = 1793,9$; $\sigma = 26,1$; $\chi^2 = 6,2$)

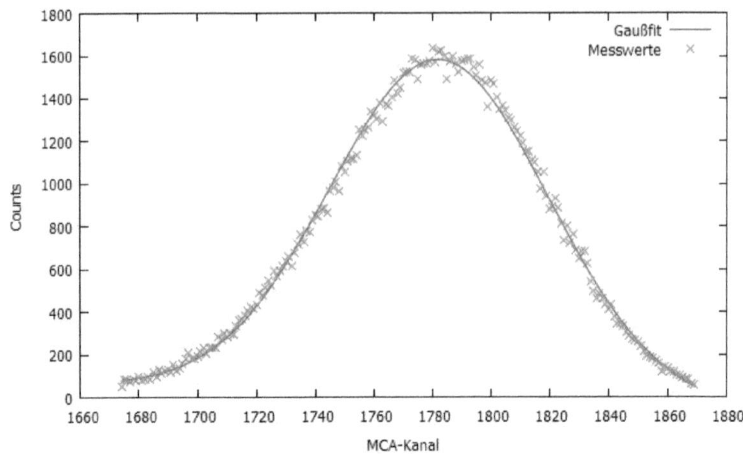

Abbildung 31: Gaußfit des 662keV Peaks von Cäsium nach 3,5cm Blei ($A = 105542$; $m = 1782, 3$; $\sigma = 26, 5$; $\chi^2 = 1, 7$)

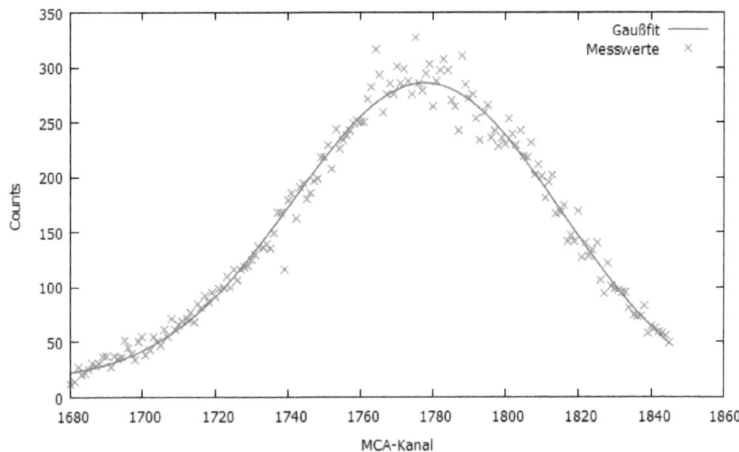

Abbildung 32: Gaußfit des 662keV Peaks von Cäsium nach 5cm Blei ($A = 18746$; $m = 1778, 3$; $\sigma = 26, 2$; $\chi^2 = 1, 0$)

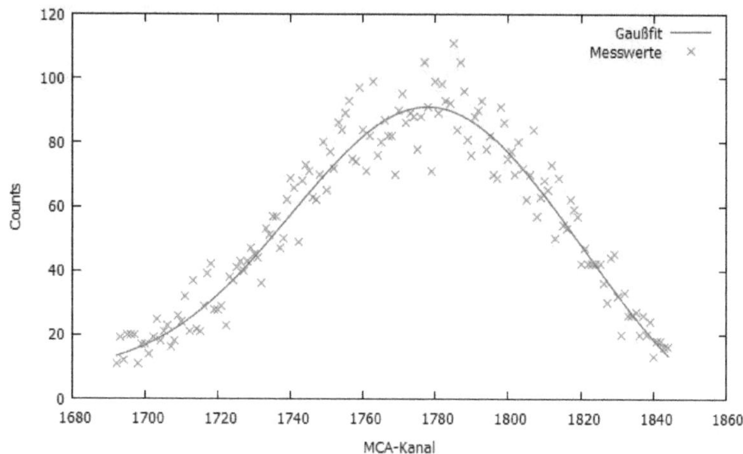

Abbildung 33: Gaußfit des 662keV Peaks von Cäsium nach 6cm Blei ($A = 6745, 2$; $m = 1779, 9$; $\sigma = 28$; $\chi^2 = 1, 0$)

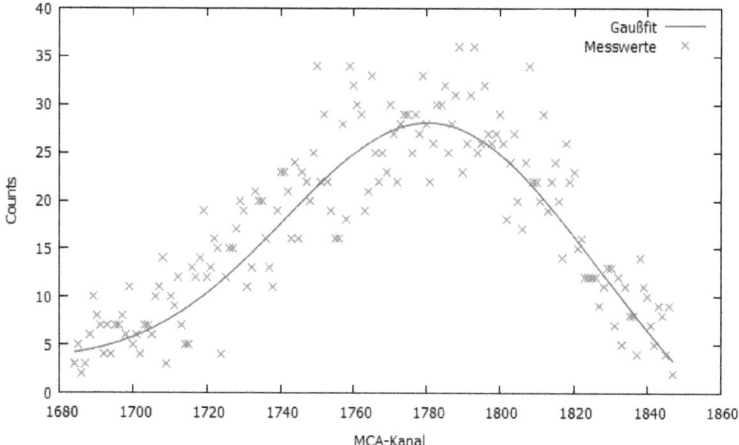

Abbildung 34: Gaußfit des 662keV Peaks von Cäsium nach 7cm Blei ($A = 2361$; $m = 1783, 6$; $\sigma = 30$; $\chi^2 = 1, 1$)

Literatur

[1] Chemie-Lexikon: Wirkungsquerschnitt `http://www.chemie.de/lexikon/Wirkungsquerschnitt.html` (25.03.16)

[2] Compton Kinematik `https://asp.tu-dresden.de/deu/pdf/praktikum/CS.pdf` (25.03.16)

[3] Klein-Nishina Wirkungsquerschnitt `https://de.wikipedia.org/wiki/Klein-Nishina-Wirkungsquerschnitt` (25.03.16)

[4] Funktionsweise anorganischer Szintillator: `http://hacol13.physik.uni-freiburg.de/fp/Versuche/FP1/FP1-7-LangeHalbwertzeiten/StaatsexArbeitKapitel/PDFs/Kapitel3.3-Szintillationszaehler.pdf` (25.03.16)

[5] Photomultiplier: `https://de.wikipedia.org/wiki/Photomultiplier` (25.03.16)

[6] Versuchsanleitung zum Compton-Versuch